小地鼠数学游戏闯关漫画书

绿侏儒的
小餐桌

纸上魔方◎编绘

U0394915

北方妇女儿童出版社

长春

版权所有　侵权必究

图书在版编目（CIP）数据

　　绿侏儒的小餐桌 / 纸上魔方编绘 . -- 长春：北方
妇女儿童出版社 , 2022.9
　　（小地鼠数学游戏闯关漫画书）
　　ISBN 978-7-5585-6432-1

　　Ⅰ . ①绿… Ⅱ . ①纸… Ⅲ . ①数学—少儿读物 Ⅳ .
① O1-49

　　中国版本图书馆 CIP 数据核字（2022）第 004962 号

绿侏儒的小餐桌
LU ZHURU DE XIAOCANZHUO

出 版 人	师晓晖
策 划 人	陶　然
责任编辑	曲长军　庞婧媛
开　　本	720mm×1000mm　1/16
印　　张	7
字　　数	120 千字
版　　次	2022 年 9 月第 1 版
印　　次	2022 年 9 月第 1 次印刷
印　　刷	北京盛华达印刷科技有限公司
出　　版	北方妇女儿童出版社
发　　行	北方妇女儿童出版社
地　　址	长春市福祉大路 5788 号
电　　话	总编办：0431-81629600
	发行科：0431-81629633
定　　价	29.80 元

目录

袜子的传奇 ·························· 10

奇妙的指甲 ·························· 12

身体的秘密 ·························· 14

被替换的乳牙 ······················ 16

疯狂的毛发 ·························· 18

舌头的味蕾 ·························· 20

玩游戏少喝水 ······················ 22

声带里的分贝 ······················ 24

爽身粉的妙用 ······················ 26

卫生纸大盗 ·························· 28

亮片与胶水 ·························· 30

付费浴缸 ···························· 32

衣服上的图案 ······················ 34

万能颜料 ···························· 36

改名字 ······························ 38

好胃口 ······························ 40

生日蛋糕 ···························· 42

不一样的动物园 ···················· 44

灌溉沙漠 ···························· 46

餐巾变成纸飞机 ···················· 48

用餐学猫叫 ·························· 50

尝试吸管 ···························· 52

这样吃面条 ·························· 54

神奇喷嚏 ···························· 56

整理床铺 ···························· 58

　　这种让人惊叹不已的对比，其实告诉我们如果每天进步一点儿，积少成多，能带来巨大的飞跃。

　　如果我们每天进步一点儿，假以时日，就会发生天翻地覆的变化。

　　请跟随小主人公们的脚步，开始你每天进步一点儿的旅程吧：每天的幽默比昨天多一点点，每天的反省比昨天多一点点，每天的满足比昨天多一点点，每天战胜自己多一点点……

袜子的传奇

听说蜈蚣菲幽爷爷有一个宝箱，而且它绝不会给任何人看里面的财宝。小地鼠皮克动了心，一阵激烈的思想斗争之后，它决定趁着菲幽爷爷外出晒太阳的机会，拉上蛤蟆杰百利共同行动，打开那个神秘的宝箱开开眼界。可刚打开宝箱，皮克和杰百利就差点儿被熏晕过去。原来里面装满了各式各样的臭袜子，不知多少年没洗过了。

"哈哈，你们上当了。"回到家的菲幽爷爷大笑起来，"我只是把懒得洗的袜子暂时藏在这里而已。"

"菲幽爷爷，脏袜子会滋生大量细菌，甚至还会通过空气传播成为污染源，这对您的身体可不好。"皮克严肃地说。

"行了，要是你们能帮我洗干净，就让你们看看真正的宝贝。"菲幽爷爷说道。它可不会告诉皮克所谓"真正的财宝"其实只是另一箱臭鞋子而已。

★ 如果你有 10 双袜子，现在已经把 5 双配成了对，还需要再配几双？

★★ 假设你的衣橱里有 18 只袜子，7 双已经配成了对，还剩下几只袜子呢？

难点儿的你会吗?

假设你有 4 双不同颜色的袜子（颜色分别是：紫、黄、粉、蓝）。不要用眼睛看，随便摸出 2 只袜子，有可能摸到多少种不同的组合呢？

答：5 双；4 只；10 种。

11

奇妙的指甲

作为洗袜子的交换，菲幽爷爷告诉皮克一个秘密：在悬崖上有一个精灵蛋，如果能得到孵出的小精灵，他就可以为你实现各种愿望。皮克下决心得到这个宝贝蛋。但它可爬不上高高的悬崖。皮克灵机一动，请来了善于攀缘的猿金刚帮忙。猿金刚一口答应下来，只不过它提出了一个条件：自己刚剪过指甲，要攀爬悬崖，就得等手脚的指甲都长出来才便于行动。在此之前，皮克都得好吃好喝伺候着猿金刚。

"我能问问你的指甲什么时候长出来吗？"皮克小心地问道。

"我的手指甲每个月可以长一厘米，脚指甲生长的速度是手指甲的八分之一。"猿金刚边剥香蕉边回答道。

好不容易等它长好指甲，准备大显身手的时候，皮克已经被猿金刚吃得一贫如洗了。

考考你

★你的两只脚上一共长了多少片指甲？

★★你总共有 20 片指甲，两只手的手指上共有 10 片，两只脚的脚趾上共有多少片呢？

★★★如果你的手指甲 4 个月才能长出 1 厘米，脚上指甲的生长速度需要手指 2 倍的时间，那么，脚指甲需要多久才能够长出 1 厘米？

难点儿的你会吗？

如果你有 5 个月没有剪指甲了，你还想再坚持 2 年的时间再剪掉它们（会发生什么不可思议的事情？），你一定知道你的指甲一共会有多少个月没有修剪吧？

答案：10 片；10 片；8 个月；29 个月。

身体的秘密

看着猿金刚灵巧地在山崖间跳来跳去，大块大块的碎石不断从峭壁上落下，皮克都快被它吓死了："早知道这样，就不该请猿金刚去冒险。"

"别担心，它可是专业人士，一定没问题的。"杰百利好心地安慰着皮克。说话间，猿金刚已经托着精灵蛋轻盈地跳了下来。

"天哪，你是怎么做到的？"皮克和杰百利崇拜不已。"作为长臂猿，我的胳膊在攀爬的时候帮了大忙。它们展开后比腿和身体加起来还要长。在树木间悠荡时可以达到每小时56千米的速度呢！"

就在皮克和杰百利好奇地研究着猿金刚的身体时，放在一旁的精灵蛋突然裂开了。小精灵从里面爬了出来，它的第一句话就是："我饿了！"这让皮克又喜又急。喜的是得到了小精灵，急的是它家的食物已经被猿金刚吃光啦。

★ 你的手肘和整个手臂哪个更长？

★★ 如果你的脸上真长了 7 只眼睛而不是 2 只，比现在要多上几只？

★★★ 伸开你的双臂，身高的长度和双臂的长度很接近，假如你的手臂臂展达到 100 厘米，而你的身高比臂展多出 5 厘米，你的身高会是多少呢？

难点儿的你会吗？

如果你的眼睛宽度是 4 厘米，而头的宽度恰好是眼睛的 5 倍，你能算出你的头的宽度吗？

答案：手臂更长；多长了 5 只眼睛；身高会是 105 厘米；20 厘米。

15

被替换的乳牙

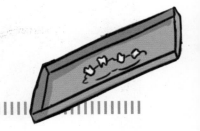

照顾了小精灵几天后，皮克发现它并没有帮人实现愿望的本领。不过它特别能吃，长得还特别快。"希望它能快点儿长大，到时说不定就能实现我的愿望了。"可没想到小精灵又闹起了牙疼。"我带它去鼠妇大婶儿的诊所看看吧。"杰百利帮皮克出了个主意。经过一番详细的检查，鼠妇大婶儿淡定地说道："牙齿疼是因为糖吃得太多，该拔牙啦！"

听说要拔牙，小精灵"哇"的一声哭了起来。"别急，要拔的只是你的乳牙。这是人生的第一套牙，共有20颗，等到7岁左右就会开始脱落，接着长出来的是恒牙，会有32颗。你可要好好保护它们，恒牙会陪你一辈子的，要是吃坏了，就再也没有第三套牙来代替它们了。"看着鼠妇大婶儿从自己嘴里拔下的牙，小精灵叹了口气，看来以后得少吃糖了。

★乳牙有 20 颗，掉了 5 颗，还剩几颗牙齿？

★★成年人有 32 颗牙齿，上下牙数量一样多，如果上牙掉了 3 颗，那么上牙还剩几颗？

★★★你知道吗，有不少动物也会掉乳牙，比如猪、猫和狗。如果你去年掉了 7 颗牙，今年掉了 4 颗，你的猫也掉了 6 颗牙，你们一共掉了多少颗牙齿呢？

难点儿的你会吗？

青蛙是没有牙齿的，假如有 40 只动物在参加宴会，其中一半是豪猪，另一半是青蛙，你能算出有多少只动物没有牙齿吗？

答案：还剩 15 颗牙齿；还剩 13 颗牙齿；一共掉了 17 颗；20 只。

疯狂的毛发

"唉，我的头发太少了，长得又太慢……"皮克突然在意起自己的相貌来，它总对着镜子唉声叹气。

"天下的事哪有那么公平。你总是嫌毛发长得慢，而绵羊蓝茜却老是抱怨它的毛发长得太快了。"杰百利安慰皮克道，"要知道你的毛发每个月最少可以长1厘米，然后会由于皮肤的新陈代谢而掉落，但绵羊的毛发会不停生长，要是几个月不剪毛，就会变成一个移动的毛球，搞不好还会活活憋死。"

"我有办法让你和绵羊蓝茜都高兴起来。"小精灵灵机一动。它拿出推子帮绵羊蓝茜剪起了羊毛，然后又用羊毛为皮克做了一顶羊毛假发。

"太棒了，原来你是用这种方式实现我的愿望的。"皮克高兴得都快跳起来了。

18

★你的头发一共有15厘米长，你姐姐的头发有13厘米长，你知道你们谁的头发更长一些吗？

★★你的嘴唇、眼皮、手掌和脚底板上都不会长毛发。你不觉得很有趣吗？它们都是成对的。你能算出一共有多少个不长毛发的地方吗？

★★★要是你的头发已经长到70厘米，只需要再长10厘米就到脚踝了。你能算出你的头发一共要长多少厘米才能到脚踝吗？

难点儿的你会吗?

头发每个月能够长1厘米，你的发梢离大腿还有30厘米的距离，你知道再长多久，它就能到达大腿吗？

答案：我的。8 个。一共 80 厘米。30 个月。

19

舌头的味蕾

"咦，你看见我的蛋糕了吗？"焦急的蜈蚣琪莉小姐向正晒太阳的杰百利问道。

"我可没有看到。"杰百利摸了摸圆滚滚的肚子，它才不会承认蛋糕是自己偷吃的呢。

"麻烦了，那是我特制的减肥蛋糕，误吃会让人丧失所有的味觉，然后对吃东西再也不感兴趣……"琪莉小姐话还没说完，杰百利就跳了起来，朝鼠妇大婶儿的诊所跑去。

连在那儿看病的皮克都被它吓了一大跳："你舌头怎么肿成了这个样子？"

"肿起来的是舌乳头。"鼠妇大婶儿检查了一番，"每个舌乳头上有几百个味蕾，它们负责品尝食物的味道，并把信息传递到大脑。看来，蛋糕让你的味蕾暂时丧失了功能。"

被吓坏的杰百利赶紧把鼠妇大婶儿开的药倒进嘴里，它可不想因为被迫减肥而品尝不到食物的美味。

★甜味、咸味、酸味、苦味、鲜味五种口味的菜，甜味菜有 1 盘，其他口味的菜依次比前一种口味的菜多 2 盘，你能算出一共有多少盘菜吗？

★★至少要品尝 7 次，你才能喜欢上一种新口味的食物，如果你品尝 4 种新的食品，比如沙丁鱼、香蕉酥、猕猴桃与小丑鱼饼，你要品尝多少次，才能够喜欢上它们？

★★★如果你每个星期能吃上 9 种古怪的新食物，假如你一共要试吃 42 种，那么两个星期后，还有多少种新食物没被试吃？

难点儿的你会吗?

你一半的味蕾会在 25 岁左右就停止工作了，要是你出生时有 5000 个味蕾，那么，到了 25 岁，还有多少个能够正常工作呢？

答案：共 25 盘菜；品尝 28 次；24 种；2500。

玩游戏少喝水

地下城游乐场老板白鼠吉卡定的规矩真奇怪：只要走出游乐场的门，想再进来就得重新买票！

杰百利和皮克一路逛一路吃，还一边嘲笑白鼠吉卡："游乐场里什么吃的玩的都有，章鱼丸、炸薯条、虫饼干……谁会中途出去啊！"

不过，就在喝下四瓶汽水之后，皮克终于发现不对劲了——游乐场里竟然没有厕所，唯一的厕所在外面。

"谁叫你喝那么多水，水能在身体里停留多久取决于外面的天气以及我们喝了多少。虽然部分水被胃和肠道吸收了，但大部分都变成了尿液。强行憋尿对身体可不好！"杰百利一边抱怨，一边帮皮克找偷偷撒尿的地方。

可惜，它一泡尿全撒在了蘑菇城堡下面白鼠老板的头上。这下它们想赖在游乐场里也不可能了。

★游乐场里的电玩汽车的圆形方向盘的周长是40厘米，如果转一圈半是多少厘米？

★★如果你在9点29分喝了水，40分钟过去后你要排尿，此时是几点几分？

★★★假如你喝了7杯水，其中5.5杯量的水都变成尿排出来了，剩余的水被身体吸收了，你知道有几杯量的水被自己身体吸收了吗？

难点儿的你会吗?

如果你乘坐长途车时，忽然感觉尿急，现在时间是10点58分，而长途车到服务站的时间是11点3分，你还需要憋几分钟尿？

答案：60厘米。10点与9分。1.5杯量的水。5分钟。

声带里的分贝

皮克和小精灵在地下城古堡旁捉迷藏，它想捉弄小精灵，于是藏起来尖声怪叫道："你的主人走啦！"

没想到不管怎么叫，小精灵都不上当："别傻了，不管你高声尖叫还是故作低语，始终是你自己的声音，跟别人不一样。"皮克有些不服气："这我知道，每个人都有独一无二的音色。"

"你的气管两端被声带拉着，说话气流猛地吹过，让声带振动，就像是弹琴一样，这就发出了声音。"小精灵说。

这让皮克觉得很没趣，它想了想，又自豪地说："我的声带可以既发出高音也发出低音。也就是从 15 分贝到 60 分贝左右。"

小精灵满不在乎地说道："就算你扯破嗓子大喊，分贝的大小也无法超过声带的限制。"

不服气的皮克使劲大喊，想要证明小精灵是错的，可它发现自己的嗓子已经喊哑了。

★ 七个音符1，2，3，4，5，6，7，如果你唱出1，又唱出2，3，4，5，6，下一个该唱哪个音符呢？

★★ 假设你和7个小伙伴一边在草坡上晒太阳、打闹，一边野餐，有2个人同时说"安静点儿！"有多少个小伙伴要安静下来？

★★★ 小鸟可以叫到20分贝，小狗会吠叫出30分贝，它们加在一起一共是多少分贝呢？

难点儿的你会吗?

如果喊到60分贝是你的极限，而你的一个好朋友能够喊到98分贝，你这个朋友的声音会比你响亮多少分贝呢？

答案：唱7；6（图为一共有8人）；50分贝；38分贝。

爽身粉的妙用

皮克在地下城古堡废墟吓唬小精灵失败，它觉得还是跟杰百利在一起比较好玩儿。两个捣蛋鬼在废墟里开起了派对，它们一会儿抱着虫饼干看窗外的日出，一会儿在大厅里制造恐怖的回声。杰百利更是偷偷把古堡的盔甲穿到了身上。

看守古堡的菲幽爷爷赶紧劝告它："盔甲里都是锈，再脱下来可就难了。"

杰百利可听不进去，它穿着盔甲跑到了古堡外的沙漠里，不一会儿太阳就烤得它受不了了。

"我得赶紧把这个铁罐头脱下来！"杰百利说。可它发现真的被菲幽爷爷说中了——盔甲紧紧套在身上，怎么也脱不下来。

"试试这个吧。"菲幽爷爷递给皮克一盒爽身粉，"洒到杰百利身上，可以吸干汗液，减少摩擦。"

还好有爽身粉的帮助，杰百利终于从盔甲里"逃"了出来。

★要是你在狂欢宴会中打翻了很多盘子，到家后发现身上沾满了奶油、果酱、番茄酱和面包渣，你能算出你一共沾了几样乱糟糟的东西吗？

★★如果你正在堆沙堡，你的朋友往你的身上倒了6铲沙子，而你也往他的身上倒了4铲，你们谁身上乱糟糟的东西更多呢？

★★★角马在泥潭里打滚儿是为了让自己的身上凉快一点儿。如果气温到了34℃，你在16℃的泥浆里打滚儿，你知道能够凉快多少摄氏度吗？

难点儿的你会吗?

如果你的两条胳膊上一共沾了150颗沙粒，每只脚掌上的沙粒是胳膊的一倍，你能算出你的身上一共沾了多少颗沙粒吗？

答案：4样；我的身上重多；18℃；750颗沙粒（每只脚掌都沾了300颗沙粒）。

卫生纸大盗

皮克想捉弄一下杰百利，它用厕所里的卫生纸把小精灵裹了个严严实实，然后请杰百利来做客。杰百利才一进门，小精灵就伸出手跳了出来。

"天哪，你家有个木乃伊妖怪！"杰百利吓得瘫坐在地上。它的窘态逗得小精灵和皮克哈哈大笑。

"这倒是个有趣的游戏，我一定要报复回来。"觉得很新鲜的杰百利找机会再次溜进皮克家，用卫生纸把自己缠得严严实实。

"等皮克从厕所出来，我一定要吓它一跳！"杰百利边大吃皮克的晚餐边说。

不过它怎么都没等到皮克。因为贪玩儿用光了厕所的卫生纸，坐在马桶上的皮克被困在厕所里出不来了。

28

★有一卷卫生纸，你撕了 12 段，你的小伙伴撕了 6 段，你们谁撕得更长一些？

★★假如你一边展开一卷卫生纸，一边数它的段数，已经数到 15 段，你知道再经过 5 个数字，这 5 个数字分别是多少段吗？

★★★小糊涂将一卷卫生纸抛出去，先是抛出了 49 段，滚了一段后，又抛出 13 段，你能帮他算出一共抛出多少段吗？

难点儿的你会吗？

你也想装扮成木乃伊，就用卫生纸将自己包裹起来，如果一段正方形的卫生纸 10 厘米，你一共使用了 200 段，你知道一共用掉了多少米的卫生纸吗？（1 米 =100 厘米）

答案：我；16，17，18，19，20；一共 62 段；20 米。

29

亮片与胶水

淘气的皮克在剧院后台发现了一条漂亮的连衣裙："我还从来没穿过裙子呢，让我试试！"它穿上裙子到处疯跑。等兔子经理发现的时候，裙子已经被弄得又脏又破。

"天哪，这是刺猬泰莉小姐的演出服，你毁了它今晚的表演！"兔子经理跳着脚叫道。

皮克难过极了："都是我不好，可怎么才能补救呢？"

这时，小精灵钻了出来："我倒是可以实现你这个愿望。用胶水和亮片就可以做到。"

它麻利地用胶水补好了破损的地方，再和皮克一起细心地将亮片和金粉粘到裙子上。

当晚上的演出开始后，泰莉小姐的裙子在舞台灯光的照射下发出耀眼的光芒，它一举手一投足都会有金粉飘落，引来现场观众的阵阵尖叫。看来，皮克无意中因为自己的淘气帮了泰莉小姐的大忙。

★你一定不知道，最原始的穴居人已经开始把云母（一种闪闪发光的石头）磨成亮片了，而现在的亮粉只是不计其数的微小薄片。如果你用胶水涂了4个三角形，又画了3个圆圈，撒上亮粉后，你能看到多少个发光的形状？

★★假如你在涂了胶水的本子上，撒了9撮闪光点，又抖掉2个，你知道还剩几个吗？

★★★假设你的衣领上沾了2片亮粉，脖子上沾了1片，大腿上又沾了5片，你能算出一共沾了多少片亮粉吗？

难点儿的你会吗？

你要为一幅特殊的画涂上亮粉，一小勺里有300片亮粉，要是你往画上撒了2大勺，一共会是多少片亮粉呢？（提示：1大勺亮粉等于4小勺）

答案：7个，7个，8片亮粉；2400片。

31

付费浴缸

皮克和杰百利前往野外登山，它们俩满地打滚儿，玩儿得浑身大汗，还比赛看谁身上沾到的泥土更多。一天下来，别提有多脏了。

"我们去青蛙咕咕小姐开的浴池好好洗个澡吧。"杰百利提议说。

"今天我们不洗露天浴池，要好好享受一下室内浴缸。"皮克附和道。

可是咕咕小姐的浴缸比浴池贵多了。付1个金币只供应1升水，要享受不限量热水、泡泡浴和玩具水枪需要5个金币呢。没办法，在结账时皮克和杰百利忍痛凑出了它们全部的家当来付洗浴费。

可接下来发生的一幕把它们气坏了：变色龙默迪竟然分文不付也可以洗澡。

"凭什么？"皮克生气地问道。

"它是我浴池的合伙人，当然可以不花钱。"咕咕小姐淡定地说。

"唉，要是我也能成为合伙人就好了。"皮克又开始幻想了。

32

营业

考考你

★ 八爪鱼将手伸出浴缸，如果2只手里分别拿着浴巾和刷子，有几只手是空着的呢？

★★ 如果你跟这只八爪怪洗澡，你们一共有几条腿？

★★★ 假如浴缸里一共有300升水，溅出50升，还剩多少升水呢？

难点儿的你会吗?

如果你的浴缸能放300升水，每30升水可以让2只海马游来游去，你能算出一共有多少只海马可以一同洗澡吗？

答案：6只；10条；250升水；20只海马（共有10个30升水）。

33

衣服上的图案

　　咕咕小姐新买了一条连衣裙，上面印着一只毛茸茸的兔子。每次杰百利看见咕咕小姐穿着这套衣服，都觉得十分可爱。"要是我穿着它，说不定会觉得自己也变成了兔子。"

　　"这就是文化衫的魔力啊。"皮克说，"不同的图案和颜色会让你获得不同的感受。有的人就喜欢穿图案比较威风的文化衫，这会让他们感到自己更有自信。"

　　皮克的话启发了杰百利，它想起每次去菲幽爷爷那里赊账买东西都会遭到冷眼相对。要是穿上威风一些的文化衫，不就可以在菲幽爷爷面前横着走路了吗？说干就干，它和皮克一起换上了印有鳄鱼图案的文化衫去买东西。可一看到菲幽爷爷严厉的目光，杰百利要求赊账的话还没说出口，就害怕得和皮克一起掉头溜了出去。

★如果你按相同的顺序，穿 4 套颜色不同的睡衣，先穿灰色，再穿紫色，之后穿黑色，再穿白色；接着穿灰色，接下来该穿哪件呢？

★★要是你有 10 条睡裤和 6 件睡衣，睡衣和睡裤的件数哪个更多？多几件？

★★★如果你早晨 8 点穿着睡衣出门，在游乐场玩到下午 4 点，又穿着睡衣睡了 2 个小时，睡衣一共在你身上穿了多久？

难点儿的你会吗？

要是你一天除了 8 个小时外都穿着睡衣，在穿睡衣的时间里一半是白天，你在大白天里大着胆子穿了多长时间的睡衣？

答案：紫色的；睡裤多，多 4 件；10 小时；8 小时。

35

万能颜料

小白牛画出来的画作广受欢迎，这是因为它画中的颜色能随着光线改变。

"天哪，你是怎么做到的？"杰百利好奇地问道。

"没什么，我不过是用了一种新上市的颜料宝石而已。只要把这种宝石放在颜料里，颜料就可以变成任何你想要的颜色。"小白牛谦虚地说。

喜欢新奇的杰百利赶紧跑去美术商店买了这种神奇的宝石。有了颜料宝石，它们的"艺术灵感"真是喷薄而出，一会儿把地面涂成天蓝色，一会儿把汽车涂成火红色。

"唉，这么好的颜料宝石却没有用到正经事上去。"变色龙默迪心痛地摇着头。它觉得用这些会随意变幻的颜料来画变色龙才算是艺术的体现，"看看，我的作品就跟真的一样会变颜色。"可它不知道的是，这种颜料宝石的作用只能维持10分钟。

★红、橙、黄、绿、蓝、紫6种颜色是彩虹的基本颜色，但有人说粉色也是，那么彩虹一共有多少种颜色呢？

★★你想将卫生间和客厅涂成紫色的，每一个房间都有4面墙，你一共要涂多少面墙壁呢？

★★★假如你有8只狗，你想将它们的四肢都染成绿色，一共要染多少条腿呢？

难点儿的你会吗？

如果你打算做4批大蛋糕，每批有8个，每4个蛋糕需要1瓶奶油，一共要买多少瓶奶油呢？

答案：7种颜色；8面；32条腿，因为每只狗有4条腿；8瓶。

改名字

  推销员琼迪从全世界收集来了各种稀奇古怪的货物。它烦透了杰百利每次只是来问东问西，却什么都不买。于是琼迪恶狠狠地吓唬杰百利："我刚得到一只魔法风信鸡，要是对着它喊出你的名字，只要被它指到，你就会变成石头。"

  杰百利真的相信了，它几次想把风信鸡偷走，但琼迪竟然还请了一位保镖全天候为风信鸡站岗，这可怎么办呢？皮克想出了一个主意："要是你改个名字，风信鸡的魔法应该就失灵了。"可是，该改成什么名字呢？"杰万利？""马爹利？""意大利？"两个小伙伴想破了脑袋，也没想到合适的名字。看来，杰百利短期内不会再去烦琼迪了。

38

★你知道你的名字有多少笔画吗？数一数吧。

★★这个叫李妮珊的女孩儿名字中间的字笔画是多少？

★★★要是你的作文本一共只可以写 100 个字，而你有 150 个字要写，必须得省略多少个字？

难点儿的你会吗?

你的朋友叫赵子轩，而你叫李妮珊，你需要将这两个名字写进日记里，要写多少笔画呢？

答案：珊，8 画；50 个字；43 画。

好胃口

菲幽爷爷请客吃饭，皮克吃着吃着突然发现每个人的口味都不一样。它自己喜欢各种甜食和爆米花，而杰百利则是无肉不欢。菲幽爷爷却很讲究饮食的荤素搭配，吃得非常健康。至于蚰蜒琼迪嘛，好像是一个无所不吃的大胃王，不管什么东西摆在面前都能一扫而光。

"天哪，我怀疑就没有它不能吃的东西。"皮克偷偷告诉杰百利。

杰百利可不相信，它以请琼迪参加烧烤野餐为借口，偷偷把一只破皮鞋的鞋底抹上烧烤料，递给了琼迪。

"好吃，好吃！"琼迪赞不绝口地吞了下去。难道自己的烧烤手艺真的能化腐朽为神奇？看着琼迪的馋样，杰百利和皮克也试着吃了一口自己烤的破鞋底，结果是恶心得让它们连早饭都给吐了出来。

★要是你每天早餐吃 1 个，午餐吃 2 个汉堡，晚餐吃 1 个，你能算出一共是多少个汉堡吗？

★★假如你每天都要吃 2 袋薯条，一个星期会吃多少袋呢？（你应该知道一个星期有 7 天）

难点儿的你会吗？

如果接下来的 5 个星期，你都能够吃到比萨，是每个星期 3 次，连续吃 5 个星期吃到得多，还是隔一天吃一次吃到得多？

答案：4 个；14 袋；隔一天吃一次吃到得多。

生日蛋糕

鳄鱼先生开生日派对了，它订了一个又大又漂亮的生日蛋糕，请了不少朋友前来参加。大家都带来了各种各样的礼物和对鳄鱼先生的祝福，就连平时见到鳄鱼先生总躲着走的琼迪也送上了自己的礼物——一个电动痒痒挠。皮克在一边很是羡慕，它想，要是经常过生日就好了。

"你知道吗，听说生日蛋糕是德国的面包师在中世纪发明的，人们把蜡烛插在蛋糕上祈求好运，后来这种习俗就慢慢地流传开来。"杰百利告诉皮克，"你也可以把一年一次的生日分成 12 个月来过，蜡烛插少一点儿就行了。"

"有道理！"皮克赶紧在第二天举办了自己的生日宴会，却没有一个朋友来参加。大家都不想一年送皮克十二次礼物。看来杰百利又出了一个馊主意。

★如果今年你5岁，过下一个生日时你几岁？

★★假如你在5岁生日时吃了5块蛋糕，6岁生日时吃了6块，两次生日你一共吃了几块蛋糕？

难点儿的你会吗?

要是你在1岁生日时吃1块蛋糕，2岁生日时吃2块，以此类推，到8岁生日时，你一共会吃到多少块蛋糕？

答案：6岁；11块蛋糕；36块（包括8岁生日那天）。

不一样的动物园

地下城开了家不一样的动物园，这家动物园给出的报酬相当高。这吸引了急等赚钱的皮克去打工。

可才上岗第一天，它就气坏了："我在别的动物园也干过，可从来没见过这么臭的便便。"

"你对我的便便有什么意见吗？"一只浑身长着斑点，像鸭嘴兽又像蜥蜴的动物生气地瞪着皮克。

"不不不，我只是说您的便便气味比较浓郁，实在是让人印象深刻……话说回来，我好像从没看到过你？"皮克连连解释。

"那当然，我们来自外星球。在不同的环境中，生物会演化出不同的样子。但这都是为了适应环境生存下去。"另一只毛茸茸带翅膀的小家伙在一边说道。它指了指身后的大家伙，"这是我妈妈，你看我们长得像吗？"

"像……像吗？"皮克一边往后退一边暗想，"怪不得报酬高，原来是'怪物'动物园啊。"

★如果你有一只螳螂宠物，你想给它穿鞋子，需要穿多少只？（螳螂有6条腿）

★★你的宠物小羊有4条腿，你姐姐的宠物壁虎有4条腿，你妈妈的宠物猫咪有4条腿，它们一共有多少条腿呢？

★★★你在路边发现了71只小鸡，你想把它们运回家，一次只能拿7只，至少要搬运多少次呢？

难点儿的你会吗？

假如你和3个朋友带着宠物举行比赛，一半带了小狗，一半带了兔子，你们加在一起一共有多少条腿？

答案：6只；12条腿；11次（每里搬10次70只，最后搬1次1只）；24条（8条人腿，8条狗腿；8条兔腿）。

灌溉沙漠

皮克在打工的时候结识了一个新朋友——绿侏儒。据绿侏儒说，它生活在沙漠里，最拿手的本领就是烹饪各种各样的美味佳肴，还有发明各种稀奇古怪的东西。只不过，绿侏儒最遗憾的就是受够了干旱之苦。所以它四处游历，希望找到一处理想的绿洲。

"沙漠？什么是沙漠？"皮克不解地问。

"你连这个都不知道？沙漠就是地面完全被沙覆盖，植物和雨水极其稀少，空气干燥的不毛之地。"绿侏儒撇撇嘴说。

"既然这样，地下城一定适合你。"皮克赶紧把绿侏儒带回自己家，"在地下城，最不缺的就是水了。"

"真的耶。"绿侏儒拧开皮克家后院的水龙头，用水管滋水玩了起来，"我要把这根管子牵到沙漠去，让沙漠变成绿洲。"

这话听得皮克紧张极了："千万别，我可付不起水费！"

46

★你以相同的顺序使用水枪，先用蓝色的水枪，再用绿色的，之后用黄色的；然后又是蓝色和绿色，之后使用什么颜色的水枪呢？

★★如果喷头有 20 个小孔，被水垢堵住 4 个，还有多少个小孔可以喷水呢？

★★★要是大水枪每分钟可以喷出 3 升水水，5 分钟后共有多少升水喷出？

难点儿的你会吗?

如果你的尖叫鸡玩具一次可以喷出 1 升水，而伙伴的水枪一次可以喷出 4 升水，那么，7 只玩具鸡和 2 把水枪，哪一个会喷水更多？

答案：黄色的；16 个；15 升；水枪（8 升比 7 升多）。

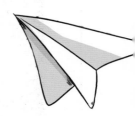

餐巾变成纸飞机

有了擅长厨艺的绿侏儒做朋友，杰百利和皮克觉得一定能过上十分幸福的生活。但绿侏儒可不这么想。它发现这两个家伙实在是太邋遢了，坐没坐相，吃没吃相，而且各种各样的果皮、饮料瓶、食物残渣扔得满屋子都是。"要享用我做的菜，首先你们得学会良好的用餐习惯！"绿侏儒拿出两块布说道。

"拿这个干什么？难道吃饭前要先洗脸？"杰百利大惑不解。

"这不是洗脸帕，这是餐巾！"绿侏儒真是哭笑不得，"把它铺在你们的腿上，不会让食物残渣落得满地都是，吃完饭还可以用它来擦擦嘴。随时保持优雅的用餐姿势……"它的话音未落，皮克和杰百利已经迫不及待地把餐巾折成了纸飞机，在屋子里欢快地玩儿了起来。这让绿侏儒的头更疼了。

★如果你的头上盖着 1 张餐巾，胳膊上又绑了 1 张餐巾，你身上一共有几张餐巾？

★★有 70 个精灵参加晚宴，编号分别是 1、2、3……编号带 0 的精灵喜欢把餐巾吃掉，它们分别是哪几位？

★★★如果你家的餐桌长 5 米，你的纸飞机飞过餐桌，又飞了 18 米，它一共飞行了多少米？

难点儿的你会吗？

假如餐馆侍者在上午 11:45 分才送来餐巾，而在此之前的 11:12 分，你已经把菜汁洒到了裤子上，侍者晚来了多少分钟？

答案：2 张；10 号、20 号、30 号、40 号、50 号、60 号、70 号；23 米；33 分钟。

49

用餐学猫叫

粗鲁的皮克和杰百利让绿侏儒火冒三丈："不让你们养成良好的用餐习惯，我就重新搬回沙漠里去。"他想到一个好点子帮两个捣蛋鬼改掉坏毛病，那就是胡萝卜加大棒。

绿侏儒先强行把皮克和杰百利绑了起来，然后又做了满桌美味大餐："想吃吗？想吃就学小猫咪叫两声。"

一开始皮克和杰百利还很有骨气地严词拒绝，后来实在是禁不住食物香气的诱惑，一声接一声地学起了猫叫。

"这才像话嘛，接下来我们开始学习用餐礼仪，先铺好餐巾，右手拿刀左手拿叉，说话一定要轻言细语，对，再小声一些。"

杰百利偷偷跟皮克耳语道："我知道为什么让我们学猫叫了，现在这样小声说话，就跟猫咪叫似的，听都听不清。"可惜，绿侏儒还是听到了它的话，并撤走了它的食物。

★如果你已经像猪一样哼哼叫了9声，再学一次猪叫的话，是第几声？

★★如果你先学了2声猫叫，又学了1声驴叫，按照相同的顺序，第8声会学什么叫？

★★★假如你学3声青蛙叫来向一个小伙伴打招呼，一共有6个小伙伴，你要学几声青蛙叫？

难点儿的你会吗?

如果你学1声猫叫需要6秒钟，在1分钟的时间里，你能够学几声猫叫？（1分=60秒）

答案：第10声；驴；18声；10声。

尝试吸管

绿侏儒花大力气教会了皮克和杰百利如何使用刀叉，现在它又准备教它们学会用吸管喝饮料："像这样对着吸管深吸一口气，就能把饮料给吸进嘴里。这是利用了大气压强的原理。吸管吸走管内空气后，管内压强会变小，为了平衡气压，大气压强会迫使管内的液体上升，就喝到饮料了。"但杰百利很快发现，吸管不光可以用来吸气，还可以吐气。一吐气，杯子里就"咕嘟咕嘟"冒起了泡泡，别提有多好玩儿了。

气急败坏的绿侏儒用胶带把它俩的嘴给粘了起来："什么时候好好用吸管，什么时候才让你们张开嘴。"

杰百利和皮克忙不迭地点头答应，然而才一撕下嘴上的胶带，它们又用吸管玩儿起了吹泡泡，整个餐厅被搞得一片狼藉。这让绿侏儒彻底绝望了。

考考你

★ 如果你花了 10 秒钟的时间喝了一瓶汽水，又花了 4 秒钟将它们喷出去，你能算出喷汽水比喝汽水快了多少秒吗？

★★ 假如你用吸管先吹出 8 个蓝泡泡，又吹出 9 个绿泡泡，又吹出 5 个黄泡泡，一共吹了多少个泡泡？

难点儿的你会吗?

餐桌旁，从你开始，每隔 2 个人就有 1 个人用条纹吸管，而不是紫吸管，每隔 3 个人就有 1 个人在吹泡泡，你知道你之后第 2 个吹泡泡的人用的是什么样的吸管吗？

答案：6 秒；22 个泡泡；紫吸管（你之后第 8 个人）。

53

这样吃面条

经过几天的训练，绿侏儒对改变皮克和杰百利的吃相基本不抱希望了："唉，唯一高兴的事，就是它们对我的厨艺崇拜得五体投地。"

为了听到杰百利和皮克的赞美声，绿侏儒拿出看家本领，做了三盘面条：有自己最喜欢吃的西红柿鸡蛋面，有皮克喜欢的蘑菇酱拌面和杰百利喜欢的肉酱拌面。

"面条是一种非常健康的食物，含有丰富的蛋白质、脂肪和碳水化合物，易于吸收，能增强免疫力……"它的话还没说完，就看见杰百利用筷子把整盘面条裹成一大团，一口吞了下去。

"天哪，这样吃怎么能尝到食物的美味？"绿侏儒都惊呆了，然而皮克的话让它更是吃惊："杰百利分辨不出来食物的好坏，只要能让它吃饱的东西它都觉得好吃。"听了这话，绿侏儒再也没心情给它们做菜了。

★如果你的筷子上卷了 2 根面条，而你表姐的筷子上卷了 4 根，你们俩谁一口吃下的面条更多？

★★假如你的碗里有 10 根面条，你挑起来 5 根，还有几根被留在碗里？

★★★如果你每次只能挑起 6 根面条，需要吃多少次，才能把盘子里的 72 根面条全部吃光？

难点儿的你会吗？

如果你想在 30 口之内吃掉 90 根面条，每口最少要吃几根？

答案：我的表姐；5 根；12 次；每口至少吃 3 根。

神奇喷嚏

河马小奇每次张大嘴打喷嚏的样子都让杰百利觉得很滑稽："为什么每次打喷嚏你都要捂上嘴？是不是怕把假牙给打出来？"

"我可没有假牙！打喷嚏是身体排出细菌和灰尘的一种自我保护方式。捂住嘴可以免得把脏东西喷到别人身上。"小奇有些不高兴地说。

"那你闭眼干什么？"杰百利继续问。

"要知道，喷嚏的速度可以达到每小时 320 千米，如果不闭上眼睛，喷嚏带来的压力甚至可能对视神经造成伤害。"小奇耐心解释道。

"那么，为什么每次在我面前打喷嚏你都要转过身去？"杰百利更来劲儿了。它还没说完，小奇就打了个大大的喷嚏，因为来不及转身，巨大的气流把杰百利冲上了房顶。

★假如你已经打了 8 次喷嚏，下一次是第几次呢？

★★假如你是一个喷嚏大王，一个喷嚏能打翻 2 台割草机、1 台洗衣机和 6 扇窗子，你一共打翻了多少样东西？

★★★如果你打喷嚏喷出的液体的速度是每小时 320 千米，而汽车的速度是每小时 100 千米，汽车的速度比你的喷出的液体的速度慢多少千米呢？

难点儿的你会吗？

要是你的喷嚏的速度是每小时 320 千米，你知道你的喷嚏多久能够到达 32 千米以外的城市吗？（提示：1 小时 =60 分钟）

答案：第 9 次；9 样东西；慢 220 千米；6 分钟（一小时的十分之一）。

57

整理床铺

绿侏儒发现自己的新朋友杰百利和皮克不光吃相难看，个人卫生也差得要命。它们从不整理床铺，所有的脏衣服和脏袜子都一股脑儿丢在床上，此外还有各种吃剩的食物残渣、饮料污渍、画笔颜料等等。

"老天，这两个家伙简直是睡在垃圾桶里。"绿侏儒好心提醒它们要注意个人卫生，不然床铺会滋生大量细菌，有害健康。

"细菌？哪有细菌？我看不见它们，那就等于不存在。"杰百利满不在乎地说。

"看来得以毒攻毒才行。"绿侏儒不知从哪儿找来许多吸血的虫子放到它俩的床上。一到晚上，吸血的虫子就咬得杰百利和皮克满身是包。

"绿侏儒说得有道理，还是爱干净一点儿好。"用不着别人提醒，它俩就主动整理起了床铺。

★ 如果你还嫌自己的床不够乱，又在上面堆了 2 个沙发垫子、3 个枕头、7 件衣服，你一共往床上拿了几件东西？

★★ 假如你把脏袜子都塞在了床下，一共能塞 80 双，你已经塞了 20 双，还能够塞下多少双？

难点儿的你会吗？

如果你的 42 件睡衣都在你的床上失踪了，有二分之一是带小熊图案的，你知道一共有多少件带小熊图案的睡衣失踪了吗？

答案：12 件；60 双；21 件。

59

喂宠物

绿侏儒随身带着一个袖珍小盒子，他时不时地就会钻进袖珍小盒里半天不出来。

"真是个神奇的盒子，里面藏着什么好东西？"好奇的皮克和杰百利趁绿侏儒不注意也钻了进去。乖乖，盒子里竟有一个巨大的宫殿，里面住着各种古怪的生物。原来，它们都是绿侏儒走南闯北收集的宠物。别看这些宠物外形吓人，可却十分乖巧温顺。皮克和杰百利每天都来逗弄它们，就像逗小猫小狗一样。

"喂，你们这俩家伙，只顾逗，不顾喂是不负责任的表现！"终于有一天绿侏儒发现了它俩，"既然要逗我的宠物，就得负责帮忙照顾它们！"

这时，皮克和杰百利才发现这不是一个好差事。只要稍微喂晚了一点儿，愤怒的宠物们就会把它俩当皮球踢来踢去。恐怕它们这辈子都不想养宠物了。

60

★如果你为 6 只小兔一份一份地数出晚餐，你一共需要数出哪些数字？

★★假如你忘了给蜥蜴喂食，它钻进了装有 10 片牛肉干的袋子里，当你发现时，牛肉干已经只剩下 3 片了，它一共吃了几片？

★★★你的淘气宠物猫咪溜进冰箱，偷吃了 4 条沙丁鱼、2 片鱿鱼片、6 个鸡翅，它一共吃掉了多少食物？

难点儿的你会吗？

如果你的宠物蜥蜴的饭量是宠物仓鼠的 2 倍，宠物仓鼠的饭量又是宠物小鸡的 2 倍，要是宠物小鸡吃了 3 条虫子，那么它们一共吃了多少食物？

答案：1、2、3、4、5、6、7片；12个食物；21条虫子。

跑出最快的速度

蜗牛露露丝可能是地下城速度最慢的动物了，有时候它爬一天还爬不到一米。

杰百利总是喜欢欺负露露丝："我们来比赛吧！"

它一蹦一跳地很快就跑到了露露丝的前面："哈哈，我赢了，你真是比蜗牛还慢……不对，你就是蜗牛呀，天下没有比你更慢的了。"

露露丝"哇"的一声大哭起来，哭得连鳄鱼先生都看不下去了："你也没想象中那么慢，最快的时候每天可以爬 7~8 米呢。而且每种动物的速度都是不一样的，这和它们的生活方式有关。比如角马每小时可以前进 70~80 千米，但那是为了躲避天敌追捕而练出来的本领，没什么可骄傲的。不信的话，可以让杰百利来试试。"说完，鳄鱼先生故意恶狠狠地冲向杰百利，吓得杰百利拔腿就跑，看来它这辈子都没跑得这么快过。

★如果你正以每小时 10 千米的速度奔跑，而你想捉住的刺猬正以每小时 8 千米的速度奔跑，你能追上它吗？

★★要是你正在追赶一只袋鼠，并开始以每小时 9 千米的速度追它，可是它跑出每小时比你快 25 千米的速度，你知道袋鼠的时速是多少吗？

★★★如果到了公园，你才想起忘了拿沙滩车，你在上午 9：11 分的时候往家里跑，公园到你家需要花 14 分钟的时间，你什么时候可以到家？

难点儿的你会吗？

你正在被一只发疯的狗追赶，你跑出了每小时 15 千米的速度，假如 1 千米外有一栋房子可以让你躲进去，你需要花多长时间跑到那栋房子？（提示：1 小时 = 60 分钟）

答案：能，每小时 34 千米，9：25 分可以到家，4 分钟。

保持平衡

看着猿金刚在悬崖峭壁上来去如飞，随时可以采到各种甜美的果子，杰百利和皮克羡慕不已："要是我们有它那样的身手，飞檐走壁将不在话下。""学会这身本领，岂不是每天都有吃不完的果子？"它俩决定拜猿金刚为师。

"好的，你们首先得从平衡感练起。"猿金刚倒是一口答应下来。

在猿金刚的安排下，杰百利和皮克每天都练习走钢丝，踩水车，顶木桶，连鼠妇大婶儿的晾衣绳都不知被踩断了多少根。两个调皮鬼总是摔得鼻青脸肿，可平衡能力似乎还是没多大长进。

"这是怎么回事啊，师傅？"杰百利焦急地问道。

"唔，我忘记说了，要像我这样有长长的手臂才有助于保持平衡，你俩似乎先天就不足。"

皮克和杰百利失望地看了看自己的小短手臂，早知道这样，它们就不练了。

考考你

★如果你在头上顶了 2 本书保持平衡，你的伙伴往平衡杆上放了 3 只木鸟保持平衡，你们一共让多少个物品保持平衡？

★★假如你在头上顶了一个皮球往前跑，保持平衡 20 秒，而你的伙伴保持了 25 秒，你知道谁保持平衡的时间更短吗？

★★★如果你能站在你爸爸的肩膀上保持平衡，你的身高有 100 厘米，而你爸爸的肩膀到地面的距离是 160 厘米，你能算出你的头顶到地面的距离是多少厘米吗？

难点儿的你会吗？

如果你骑自行车能保持 44 米的距离不摔倒，但驮着你的宠物狗，你只能保持二分之一的距离，你和你的宠物一共骑了多少米没有摔倒？

答案：5 个；你自己是了；260 厘米；22 米。

练习顶球

||||||||||||||||||||||||||||||||||||||||||||||||||||||||||||||||||||||||||||

"我觉得猿金刚在忽悠我们，它不教我们平衡术，只是怕我们学会后抢了它的果子。"杰百利愤愤地说。

它们决定从顶球开始自学练习平衡。很快，两人就找来一堆球，足球、篮球、乒乓球、网球……这些球有的大，有的小，有的轻，有的重，比如小小的保龄球，竟然有 3~8 千克重。用哪种球来练习比较好呢？

"有了！森林里有一种气泡果，果实有汉堡包的味道，它的大小和重量都合适，用来练习再好不过。"杰百利灵机一动。

它俩赶紧跑到气泡果树下准备开始练习。但一整个下午过去，它们的练习成果就是吃了太多的气泡果而导致肚子撑得老大，躺在地上彻底起不来了。

68

★如果你的排球重 280 克，足球重 450 克，你知道哪一个更重吗？

★★如果你扔一只乒乓球玩儿，它每弹一下能弹出 2 米远的距离，当它弹跳到第 5 下时，一共弹出多少米？

★★★要是你踢篮球能一下踢出 10 米，而踢棒球能踢出 2 米，你要踢几次，才能让棒球到达篮球那儿？

难点儿的你会吗？

如果你可以把棒球打出 16 米，而踢足球可以一下子踢出棒球的 2 倍距离，而狗窝离你的距离有 35 米，狗窝里的狗能幸免吗？

答案：足球重 450 克；10 米；5 次；能（你的足球被踢飞 32 米远）。

69

废墟滑梯

最近，皮克迷上了一个游戏，那就是从废弃古堡的水道往下滑。速度比一般的滑梯要快得多，别提有多惊险刺激了。

在皮克的带领下，杰百利很快也迷上了这个游戏："为什么在有水的滑道里能滑得这么快呢？"它百思不得其解。

"这是因为水可以减小你的身体和滑梯之间的摩擦力，这样速度就会变得越来越快。"皮克解释道。

不过，水道的尽头在哪里呢？皮克还从来没有去探索过，它总是滑到一半就停了下来。

"我有个提议，让我们一直滑到水道的尽头去看一看。"杰百利兴奋地说。

两个好朋友决定今天一定要滑个痛快。然而，没人告诉它们，这条水道一直通往地下城的下水道。那里可是各种粪水、污水最后的汇集地。

★坐这 2 样滑梯，哪样时间会更短？（水滑梯 10 秒；螺旋滑梯 15 秒。）

★★如果你在螺旋滑梯上也加了水，原来需要 15 秒钟，现在只需要 7 秒，你加速了多少秒？

★★★假设你将 48 种颜色的亮片撒在滑梯上，已经使用了 23 种颜色，还有多少种颜色没有被撒在滑梯上？

难点儿的你会吗？

要是你能用 30 秒的时间爬上滑梯（如果你真能这么快），而只用了三分之一的时间滑下来，你一共花了多少时间？

答案：水滑梯；8 秒钟；25 种；40 秒钟。

记忆力

"我的鞋子不见了！"杰百利见人就问自己鞋子的下落。

"你的鞋顶风臭十里，要是在这附近，我早就闻到了。"皮克无奈地说。

"别急，你好好回忆一下，上一次穿是在什么地方？"绿侏儒安慰杰百利道。

"哎，我的记性出名的差，连昨天的事都记不起来。"杰百利哀叹道。

"每种动物的记忆力都不一样，海豹和大象要算这方面的佼佼者。大象能记住大量的信息，海豹也可以记住一件事长达十年。"绿侏儒继续劝道。

"对呀，我可以去找大象问问，它那么聪明应该知道。"杰百利灵机一动，"对，说不定它记得。"

真滑稽，杰百利的鞋子跟大象有什么关系呢？没想到大象还真的想了起来："上周我看见你因为嫌臭，把鞋扔到了森林里。"果然如此，一周没穿的鞋竟然不臭了，怪不得大家找不到它。

★如果你6岁的时候还记得过3岁生日时都来了哪些朋友，你知道自己把这件事情记住了多长时间吗？

★★瞧瞧这几个数字：4，6，3，8，5，4。把目光移开，你能说出它们都是什么数字吗？

★★★假如有一部6分钟的短片，每分钟里有30个字的台词，你想把它学会，需要记住多少个字？

难点儿的你会吗？

再瞧瞧这几个数字：4，6，3，8，5，4。把目光移开，你能说出总共有几个数字，其中有几个奇数呢？

答案：3岁；其实吧；180个字；总共6个数字，其中有2个奇数。

蹦跳的绝技

　　著名的跳高冠军白鼠米琳要来地下城表演绝技，当这个消息传来时，所有的票都被抢售一空。没买到票的杰百利和皮克只好拜托鼹鼠白娜帮它们在剧场墙边挖出一个大洞，偷偷钻进了表演现场。

　　表演果然精彩无比，杰百利一边鼓掌一边说："米琳应该是跳得最高的动物了吧？"

　　"才不是呢！"皮克撇嘴道，"跳蚤依靠跳跃在宿主之间转移，如果纵向跳跃，可以跳1.5米左右，如果是横向跳跃，可以跳出3米左右。它跳跃的高度是自己身长的一百多倍，这才是当之无愧的跳高冠军。"

　　杰百利很不服气："那为什么没有人请跳蚤表演？"

　　皮克耸耸肩："它太小了，谁能看得见它的表演呢？"争执不休的两人引来了保安，当保安发现这两个家伙逃票之后，它们立刻被赶了出去。

★ 要是你已经跳了 10 下，再跳的时候，你将数出数字几呢？

★★ 一个大机器人有 4 米的身高，而且手臂可以举到距离头顶 1 米的高度，它还可以跳到离地面 2 米的高度，你知道这个大机器人跳起来以后最高可以够到多高吗？

★★★ 假如你的身高有 100 厘米，站在一个高 40 厘米的椅子上，你的手臂可以举到头顶 40 厘米处，还能够跳起来 40 厘米。你能够到 180 厘米那么高的柜子顶上那盒巧克力吗？（1 米 =100 厘米）

难点儿的你会吗？

你的外公家离你家 1000 米。假如你平时每分钟走 35 米，如果想在 20 分钟走到外公家，那么你每分钟要比平时加快走多少米？

答案：11、7 米；够不够得到（180 厘米 =1.8 米，而你跳起来最高能达到 2.2 米）；15 米。

超级辣椒

　　绿侏儒一直为自己的厨艺而自豪，但它没想到自己的朋友杰百利和皮克是既不会做饭还挑剔的家伙。它们总是嫌弃绿侏儒做的菜不够辣："味道太清淡啦！""一点儿都不过瘾！"两个调皮鬼成天叨叨个没完。

　　这把绿侏儒气得够呛："想吃辣是吧，我就满足你们。"

　　在皮克和杰百利期待的眼神中，绿侏儒端上来一道看似普通的餐点："试试吧。"

　　刚一进嘴，皮克就觉得整张嘴好像都被火给烧着了。"太辣了！"杰百利更是夸张地大喊了起来。

　　"斯科维尔辣度指数是用来衡量辣椒辣度的。我给你们吃的是墨西哥辣椒，辣度只有3500。接下来是哈瓦那辣椒，辣度35000。最后还给你们准备了上百万辣度的辣椒，慢慢品尝吧。"两个调皮鬼连连摆手，它们已经辣得连话都说不出来了。

★如果吃七口墨西哥辣椒就是你的极限了，而你已经吃了两口，你知道自己还可以再吃几口吗？

★★假如红色小米椒的辣度是6000，而墨西哥辣椒的辣度是3500，你知道小米椒比墨西哥辣椒的辣度高多少吗？

难点儿的你会吗?

如果甜椒的辣度只有500，而墨西哥辣椒的辣度是3500，你知道墨西哥辣椒的辣度是甜椒辣度的多少倍吗？

答案：五口；高2500；7倍。

倒霉的番茄

"救命，救命啊！"浑身是血的皮克和杰百利躺在街头，痛苦地大声呼救。

这副惨状把鼠妇大婶儿吓了一跳，它正准备冲上来为皮克和杰百利实施急救，却不料两个家伙一骨碌从地上爬了起来："哈哈，第二十三个上当的。"

原来，它俩把绿侏儒家里的番茄酱偷了出来，挤在头上、脸上和身上冒充鲜血。别说还确实像那么回事。

而绿侏儒可是被气坏了："我得好好惩罚这两个捣蛋鬼！"

它找来一个超级番茄，又给番茄带上假发，画上狰狞可怕的表情，然后钻了进去。

等皮克和杰百利又溜进绿侏儒家时，绿侏儒在番茄里滚来滚去并发出可怕的叫声："偷番茄酱的人将会迎来悲惨的命运！"这可把皮克和杰百利吓得不轻，它们慌不择路，从窗户逃了出去。

★如果你把番茄酱挤到自己身上 4 下，又挤到汉堡上 5 下，你一共挤了多少下？

★★假如你将甜饼排成一排，在第 1 张甜饼上挤上番茄酱，之后每数到第 3 张就挤上番茄酱，你知道第 4 张被挤上番茄酱的甜饼在队列中排第几吗？

难点儿的你会吗?

假如你挤了 5 碗番茄酱，每碗番茄酱中都由 7 个番茄制成，这 5 碗番茄酱一共由几个番茄制成的呢？

答案：9 下；排第 10；35 个番茄。

79

神奇爆米花

杰百利想用微波炉热牛奶，可没加热一会儿就听见微波炉里传来噼里啪啦的声音。

"怎么回事？"杰百利赶紧打开微波炉的门，几颗白色的东西狠狠地弹到了它脸上。

"哎哟，哎哟，有人在微波炉里放了暗器！"杰百利惨叫个不停。

它的叫声引来了皮克。经过一番检查后，皮克得出结论："你一定是把玉米粒丢在了微波炉里。玉米被加热后会膨胀变大，也就是爆米花。"

惊魂未定的杰百利拿起"暗器"仔细端详，发现皮克说的是真的。它灵机一动，把一大袋玉米都倒进了微波炉里。一阵阵爆响后，爆米花在厨房里堆成了小山。杰百利和皮克就着自己做的爆米花高兴地看起了午夜节目。

★你用微波炉里制作了一袋爆米花，一把抓出 20 粒，可是有 4 粒玉米没有爆开，你拿出了几粒爆米花？

★★如果你拿爆米花喂猫咪，抛出弧线让它接住，你一共扔了 15 粒，而它才接住 8 粒，有多少粒爆米花喂蚂蚁了？

难点儿的你会吗?

你和朋友用 3 杯生玉米粒制作爆米花，所有的玉米变成了原来体积的 15 倍，你能算出你们一共爆出了多少杯爆米花吗？

答案：16 粒；7 粒；45 杯（这下有的吃了）。

81

蛋糕真糟糕

‖‖‖

　　绿侏儒要外出旅游，请皮克帮自己看家，这个决定真是大错特错。皮克第一件事就是直奔绿侏儒的冰箱，想看看它到底是用什么东西做出那么多美味可口的菜肴来的。

　　"绿侏儒不在，我们也有一显身手的机会啦！"闻风而来的杰百利决定用冰箱里的特制面粉和鸡蛋做蛋糕，让绿侏儒回家后大吃一惊。

　　"我记得绿侏儒说过，要是做华夫饼，需要5个鸡蛋加3杯面粉；做薄饼，是2个鸡蛋2杯面粉；做蛋糕嘛，1个鸡蛋2杯面粉……但我认为只要鸡蛋加得越多，蛋糕就会越好吃。"杰百利迫不及待地要试试自己的"秘方"。

　　不光鸡蛋，酵母粉和泡打粉更是有多少放多少。结果，最后蛋糕在烤箱里膨胀成了一摊巨大的"怪兽"，蠕动着向它俩涌来。

　　"这个蛋糕真糟糕！"两个捣蛋鬼连忙逃走了。

★ 做第一个蛋糕时，你用了 3 个鸡蛋，做第二个蛋糕时，你又用了 3 个鸡蛋，你知道一共用了多少个鸡蛋吗？

★★ 如果一个蛋糕有 2 厘米厚，4 个同样的蛋糕叠起来有多厚？

难点儿的你会吗？

假设蛋糕放在微波炉里 3 分钟就会烤焦，如果你已经将蛋糕加热了 2 分钟 40 秒，再加热多久，它就会被烤焦？（提示：1 分钟 =60 秒）

答案：6 个鸡蛋；8 厘米厚；20 秒。

巨大的果蔬

　　远行而归的绿侏儒回家打开门后，发现迎接自己的竟然是一大摊报废的面糊，那心情别提有多愤怒了："你们这两个成事不足败事有余的家伙，真是糟蹋东西！"

　　绿侏儒决心要好好教训它们一下，让它们懂得耕种和收获的不易，以后别再糟蹋食物了："我带你们去我的秘密果蔬园。这里的光照时间能达到每天16~20个小时，所以蔬菜水果的个头儿都很大。胡萝卜可以长到0.5米，而南瓜可以长到600多千克。"

　　看着大开眼界的皮克和杰百利，绿侏儒暗暗觉得好笑："你们的任务就是帮我把这巨型南瓜运回厨房去。"

　　可绿侏儒没料到，它前脚刚走，杰百利和皮克就把南瓜掏空，做成了巨型南瓜灯。"嘿嘿，这样运起来就轻松多了。"杰百利得意地说。

　　看来，它们又要把绿侏儒气得够呛了。

★如果你有 5 个巨型土豆和 6 个巨型茄子，你一共有多少个巨型蔬菜？

★★哪一组更重？是 2 个 600 千克的巨型南瓜重，还是一辆 1000 千克重的摩托车重？

难点儿的你会吗？

假如一个巨型南瓜有 60 千克，而你的柚子的重量只有 500 克，你能算出多少个柚子的重量，才能和巨型南瓜一样重呢？

答案：11 个巨型蔬菜；巨型南瓜更重；120 个柚子。

瓶子也能作祸

青蛙咕咕小姐的浴场最近发生了怪事，水池里时不时会冒出泡泡，有时还会"噗噗"响。这让咕咕小姐害怕极了，浴池里该不会藏着什么怪家伙吧？它把杰百利和皮克拉来壮胆。

"别怕，让我潜水下去看个究竟。"杰百利刚要下水，突然又是一声巨响，水花直喷出来，吓得它瘫坐在地上，把刚才的豪言壮语都忘光了。

"不好意思，是我在玩儿饮料瓶。"鳄鱼先生浮出水面，原来它不知从哪里弄来了一些可乐。只要使劲摇晃再打开瓶盖，带着气泡的液体就会喷涌而出。

"这是因为可乐里溶解了二氧化碳气体，摇晃瓶体会打破瓶内的平衡状态，开盖后气体就会被释放出来。"皮克解释道。

"我才不信！"为了挽回面子，杰百利非要自己试试。结果刚打开瓶盖，它就被喷出的饮料顶了出去。

86

★如果你有 8 瓶汽水，冰镇了 4 瓶，又将 4 瓶直接晒在阳光下，打开这些汽水时，你会看到几瓶汽水爆炸？

★★假如 20 瓶汽水里冒出的气泡能让你的摩托车行驶 2 千米，60 瓶汽水里冒出的气泡能让你的摩托车行驶多少千米？

难点儿的你会吗?

如果你载着 100 瓶汽水颠簸在公路上，想让阳光暴晒它们后听到瓶盖爆出的砰砰声，你和你的伙伴想每人留下 3 瓶喝，你们还有多少瓶汽水可以听那美妙的声音？

答案：4 瓶汽水；6 千米；94 瓶汽水。

87

争分夺秒

皮克这两天上吐下泻，拉肚子拉得腰都直不起来了。"这是怎么回事啊？"它百思不得其解。

"据我看，你是前天户外烧烤的时候吃了掉到地上的烤肉。"杰百利十分肯定地说，"地上的细菌跟着烤肉进了你的肚子，所以才会腹泻。"

皮克连连摇头："不可能，你听过3秒原理吗？就算食物掉到地上，只要你速度够快，能在3秒内把它捡起来，那细菌就来不及跑到食物上。"

"哈哈，这你可错了！"杰百利终于发现了皮克的知识盲区，"细菌不是跑到食物上，而是沾到食物上的。不管你速度多快，只要在食物接触到地面的那一瞬间，细菌就已经沾附上去啦。"

这句话让皮克再一次狂吐起来，要是早知道这一点该多好啊。

★如果还有 10 秒钟就播出你爱看的动画片了，而你还需要 14 秒钟才能跑到电视机前，你错过了几秒钟？

★★假如你把巧克力掉在地上了，现在已经过去了 5 秒钟，而你认为 12 秒钟后它就不可以吃了，你得赶在几秒钟前抢救它？

难点儿的你会吗？

你将 200 块饼干全撒在了地板上，有一半泡了牛奶，如果你不理会它们，至少会有多少块饼干被粘在地板上？

答案：错过 4 秒钟；7 秒钟内；100 块饼干。

变色龙

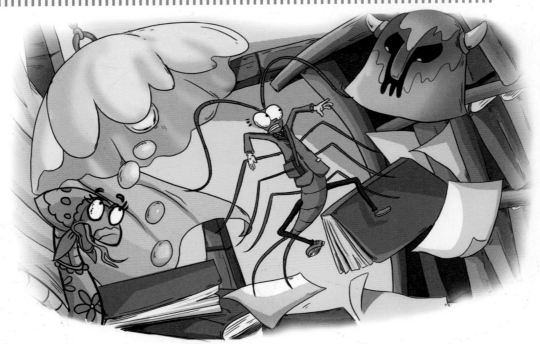

花蛇薇儿最近遇到了烦心事，它的蛋被偷了。

"我们来帮你！"琼迪、皮克和杰百利自告奋勇。可是，到哪里去找呢？

"蛋一定还在房间里！"花蛇薇儿言之凿凿地说。不过它这房间找起来可就太麻烦了，因为这是绿巨人转卖给它的，里面所有的家具巨大无比。蛋会被藏在哪里呢？琼迪一阵乱翻乱动之后，蛋竟然从台灯上掉了下来。

"天啊，我的宝贝蛋！可这是谁干的恶作剧呢？"花蛇薇儿话音未落，身后的头盔"嘿嘿"冷笑起来，把大家都吓了一跳。原来偷蛋的是变色龙默迪。它可以在一秒钟之内把身上的皮肤变成跟环境相似的颜色，这样就没人能发现它。

"别再利用自己的本领干这种事了，否则你会失去所有的朋友。"花蛇薇儿严厉地警告了默迪。看来，默迪应该能消停一段时间了。

★如果你的变色龙既可以变成粉红色，又可以变成橙色和蓝色，还可以变成绿色，它一共可以变成多少种颜色？

★★假如你的变色龙可以变出 11 种颜色，而你的彩笔一共有 48 种颜色，你的彩笔的颜色和你的变色龙相差多少种颜色？

难点儿的你会吗?

变色龙的舌头伸出来的长度是身体的 2 倍，如果你的变色龙有 30 厘米长，它的舌头可以伸到多长？

答案：4 种颜色；相差 37 种颜色；60 厘米。

了不起的体重

为了让自己看起来更威武雄壮，杰百利开始健身增重，感觉这样效果太慢后，它又定做了一身盔甲穿在身上。不过就算是这样也无法满足杰百利的愿望，于是它每天都鼓着腮帮子，只为了能多存一点儿空气来增加重量。

"我知道空气的重量微不足道，但总比没有好。"

这让杰百利觉得希望又多了几分，"说不定有一天我会超过大象，成为世界上最重的动物。"

"哈哈，别做梦了，先别说你能不能超过大象，而且大象也不是世界上最重的动物啊。"皮克嘲笑杰百利道，"比大象大的是蓝鲸，成年非洲象体重才4吨重，而蓝鲸重达160吨。也就是说一头蓝鲸约等于40头大象。"为了让杰百利心服口服，皮克借来潜水服让杰百利潜到深海，亲眼看到了蓝鲸。

"唉，看来我的梦想永远也不可能实现了。"杰百利彻底放弃了增重计划。

92

★如果一头大象重 3000 千克，而你的船重 1000 千克，它比你的船重多少呢？

★★ 1 吨等于 1000 千克，如果一头大象重 3000 千克，它等于多少吨？

难点儿的你会吗？

假如你有一头重 90 吨的宠物虎鲸，而你的大象重 3 吨，你知道多少头大象等于一

头虎鲸的重量吗？

答案：重 2000 千克；等于 3 吨；30 头大象。

最快的猎手

皮克抓住了一条蚯蚓得意起来，它懒洋洋地躺在大叶片上剔着牙齿："这世界上还有比我更快的猎手吗？"

"当然有，从来没有鱼儿能逃出我的手掌心。"从旁边经过的杰百利给它浇了一盆冷水。

它俩争执起来，这让绿侏儒觉得十分好笑："来来来，让我带你们看看谁才是世界上最快的猎手。"它掏出时空宝石，这可是能让人瞬间移动的宝贝。在宝石的帮助下，杰百利和皮克被带到了非洲草原，它们亲眼看到了一头正在追捕羚羊的猎豹。

"虽然猎豹个头儿不算太大，但速度可以达到每小时 120 千米。不过它的耐力有限，只擅长短途奔跑。怎么样，要跟它比比速度吗？"绿侏儒话还没说完，杰百利和皮克就争先恐后地承认刚才只是胡说八道而已，它们可不愿跟猎豹比试什么速度。

★猎豹通常 3 天才吃一顿饭，如果这个星期日你看到它捕猎了，到下个星期日之前，它一共吃了几顿饭？

★★假如一只猎豹一小时可以跑 90 千米，而你的摩托车一小时可以跑 80 千米，你能追上它吗？当你和猎豹进行赛跑，一小时后你们相差多少千米？

难点儿的你会吗？

假设猎豹一分钟能跑 1000 米，野兔一分钟能跑 500 米。猎豹和野兔赛跑，猎豹让野兔先跑 2 分钟，那么猎豹追上野兔需要几分钟？

答案：2 顿饭，不能追上，相差 10 千米，1 分钟。

95

游泳高手

杰百利在河边遇到了一位长相古怪的旅行者，它圆滚滚，胖乎乎的，看上去十分滑稽。

"你好啊，我的朋友，我是企鹅。你能帮我找到回家的路吗？我住在南极。"这个胖家伙友善地向杰百利打招呼。

"嗯，倒是可以用绿侏儒的时空宝石帮它回家。不过——"杰百利想要跟这个胖家伙开个玩笑，"我们来比赛谁游得快，你赢了我才能送你回家。"

可它没想到的是，企鹅在陆地上的行走姿势虽然十分笨拙，但在水里却有着惊人的速度。它那短小的翅膀变成了强有力的"划桨"，游速高达每小时 20~30 千米。累得够呛的杰百利只好认输，并兑现了承诺——送企鹅回家。不过，一到南极杰百利就后悔了，因为连它的鼻涕都被冻成了冰坨。

★如果一只企鹅往前滑行了 6 米，又笨拙地走动了 3 米，它一共前进了多少米？

★★一只企鹅遇到了危险，往前逃了 8 米，来到了一个冰山前，又往下滑了 15 米，之后在水中游了 20 米，企鹅一共跑了多远？

难点儿的你会吗？

假如你的邻居企鹅步行 1 分钟走 4 米，用肚皮滑行的速度是走路的 3 倍，而游泳的速度又是滑行的 4 倍，它每分钟可以游出多远？

答案：9 米；43 米；可以游出 48 米。

袋鼠的本领

琼迪自认为自己是地下城最擅长跳跃的动物，它也一直为此而自豪。但当袋鼠忠威搬来后，琼迪变得十分苦恼。因为袋鼠忠威跳得比它远多了也高多了，它一跳就是 3 米远，5 米高，每小时可以达到 50~60 千米的速度，连汽车都追得上。

有了袋鼠忠威，再也没有人为琼迪的跳跃表演喝彩。不过，忠威仍然谦虚地安慰琼迪："我身体的构造是专为跳跃设计的，跳得越快，能量消耗越少。慢步移动反而会让我很累。而且跳跃时我会用强有力的尾巴作为支撑，它就像弹簧一样帮助我跳得更远……"

可琼迪还是不服气。它指着一个宽 13 米的大坑说道："这你也能跳过去吗？"

"那当然！"忠威奋力一跃，真的跳了过去。琼迪不甘示弱，它也想证明自己的跳跃能力，可还跳不到一半就掉进了坑里。

98

★袋鼠爸爸有 4 只脚,它背上背着一个小袋鼠,它们一共有多少只脚?

★★如果一只袋鼠一下可以跳出 10 米,它一共跳了 4 下,你能算出它跳了多少米吗?

难点儿的你会吗?

假设你的自行车长 1 米,动物园里的那只袋鼠可以跳出 12 米远,你最多摆出多少辆自行车长龙,那只大袋鼠不能跳过它们逃走?

答案:8 只脚;40 米远;13 辆自行车长龙。

绿侏儒的
小餐桌

火烈鸟

掉进坑里的琼迪发现这里除自己外，还有菲幽爷爷和另外一个浑身通红的怪家伙。这是怎么回事呢？菲幽爷爷告诉琼迪，自己是散步时不小心掉下来的。至于这个红色的家伙嘛，它是火烈鸟凡奇，自称是一位隐士。

"你们这些烦人的家伙，一个接一个掉下来干扰我的修行！"凡奇生气地说。

"你能帮我们出去吗？"琼迪小心翼翼地问。

"别想出去的事儿了，和我一起修行吧，像这样！"凡奇要求菲幽爷爷和琼迪学它单脚站立，开始冥想。琼迪不敢啰唆，只好照办。可凡奇的站功实在太了得了，它能一动不动连站几个小时。就在琼迪和菲幽都苦不堪言的时候，闻声前来救援的忠威从天而降，不小心把凡奇踩进了坑底。

有了跳高能手忠威，这下大家总算能出去了。

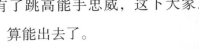

100

★你在火烈鸟栖息地野餐，你吃下4只虾，火烈鸟吃了8只，你们一共吃了多少只虾？

★★你和火烈鸟比赛单腿站立，你只站了7秒就坚持不住了，而火烈鸟站了18秒，它比你多坚持了多长时间？

难点儿的你会吗？

你正在观察30只火烈鸟，它们有一半单腿站立，另一半双腿站立，你能算出地上一共有多少条腿吗？

答案：12只；11秒钟；45条腿。

青蛙

急着打工赚钱的杰百利发现了一则招聘广告："急聘水上芭蕾舞演员，要求有鼓鼓的眼泡，又长又滑的舌头，湿润的皮肤，惊人的弹跳力，有活力的嗓门儿，同时还得是两栖动物。"

杰百利眉开眼笑："这不就是为我量身定做的工作吗？"它找上门去，却发现别人招的是青蛙。

"我们长得其实也差不多。"杰百利苦苦哀求歌舞团长青蛙先生。

"好吧，如果你能接受只领一半薪水，倒是可以穿着青蛙外套给客人表演舞蹈。"吝啬的青蛙先生答应了杰百利。可当它上岗迎宾第一天，那圆滚滚的大肚皮就彻底出卖了自己。

"看你这一身的疙瘩，你明明是只癞蛤蟆！"愤怒的客人们吼道，"我们是来看优美的青蛙水上芭蕾舞的，可不想看癞蛤蟆跳水！"

杰百利连青蛙外套也来不及脱，就在客人们的怒吼中溜走了。

考考你

★有 4 只青蛙跑进了你的厨房，假如第一只跳了 2 下，第二只跳了 4 下，第三只跳了 1 下，第四只跳了 2 下，你抓住它们前，它们一共跳了多少下？

★★有只青蛙吃了你的饼干，你跳窗去追它，它先跳了 4 米，又跳进池塘游了 12 米，你知道它一共逃了多少米吗？

难点儿的你会吗?

有一种名字叫"火箭蛙"的青蛙，能够跳出身长 50 倍的距离，如果它的身长有 5 厘米，它能够跳出多少厘米呢？

答案：一共跳了 9 下，16 米，250 厘米。

103

消防车

杰百利和皮克调皮捣蛋的老毛病又犯了，趁绿侏儒不在家，它们把全套烧烤装备都偷了出来，搬到了草地上。

"绿侏儒总是禁止我们用火，这次我们可要用个痛快。"杰百利高兴地说。它俩串上肉串，生起炉子，很快就把肚子吃得圆滚滚的，躺在草地上睡起了午觉。可没想到，因为没人看守，炉子里的火星引燃了草地，大火蔓延开来。

"天哪，要是把整个地下城都烧着了，我们就死定了！"皮克赶紧找来绿侏儒藏在地下室的微型消防车，把水龙头接在消防栓上灭火。

可它不知道的是，消防水龙头的压力是家用水龙头的 5 倍，这么大压力的水虽然灭掉了火，但也冲走了烤肉架，还冲垮了绿侏儒的房子。

"完蛋了，在绿侏儒回家之前，我们还是赶紧离开吧。"杰百利知道这次它们可闯大祸了。

★ 如果消防车 5 分钟能灭一场大火，灭 2 场大火需要多少时间？

★★ 如果你想赶走一条毒蛇，用水管可以喷出 2 米，用消防水带可以喷出 25 倍的距离，这样你站多远就可以赶走那条毒蛇了？

难点儿的你会吗?

如果你下午 3:50 开始进行灭火工作，一共工作了 2 小时 15 分才下班，你能算出自己是几点下班的吗？

答案：10 分钟；站在 50 米处；6:05 分下班。

混凝土搅拌机

绿侏儒回家后看到被消防水龙头冲垮的房子，真是气不打一处来。可看着老老实实来赔礼道歉的杰百利和皮克，它又改变了主意："犯了错误就要勇于承担，如果你们能帮我重建房屋，我就原谅你们。"

绿侏儒找来一辆混凝土搅拌车："这是可以根据电脑程序设定混凝土形状的搅拌机，有了它的帮助，重建房子是很简单的事。"

看着水泥被倒进搅拌机里，变成黏糊糊的混凝土流出来，然后被浇注成型，杰百利又动了新的念头：要是把面粉倒进去，能不能做成饼干砖块和饼干小屋呢？绿侏儒一不留神，它就把自己的想法付诸行动了。不过，杰百利必须为自己的创举负责，绿侏儒罚它必须得吃完这些难吃的饼干。

★ 如果你有 10 台混凝土搅拌机，其中 4 台在搅拌水泥，其余的都在为你搅拌果酱，你知道有几台混凝土搅拌机在为你搅拌果酱吗？

★★ 你的混凝土搅拌机在为蛋糕店搅拌面糊，从上午 10 点开始工作，一共工作了 2 小时，你是几点下班的？

难点儿的你会吗？

如果你的混凝土搅拌机已经搅拌了 5000 升巧克力酱，1 升巧克力酱可制作 4 袋巧克力球，你能算出可以做出多少袋巧克力球吗？

答案：6 台；12 点下班；20000 袋巧克力球。

花样滑板

杰百利最近迷上了玩儿花样滑板，而且它还玩儿得挺不错。靠绿侏儒搅拌车的帮助，它建了一个半圆形的斜坡。杰百利把它叫作"半筒"。

它操纵滑板一点点加速滑到半筒一端的最高处，闪电般地向另一头冲去，然后在离心力的作用下飞向空中再落下来。这简直是太刺激了。

可菲幽爷爷却摇头："现在的年轻人都这么胆小吗？我有更刺激的玩儿法！"

菲幽爷爷找绿侏儒借来了火箭喷射器，然后挂在滑板车的尾部，又让杰百利和皮克一起站到滑板上："抓紧，我们要出发啦！"

一阵令人心悸的加速之后，它们惊恐地发现自己竟然冲破了大气层——火箭喷射器的功率实在太大了。菲幽爷爷再也顾不得它吹过的牛，它惊恐地大喊起救命来。

考考你

★如果你是一个"火箭滑板"高手，在空中翻了 2 个跟头，又踢了 3 次腿，吃了 1 个蛋卷，你一共玩儿了几次花样？

★★如果你踏着"火箭滑板"飞跃了 10 栋房屋，而你的哥哥比你多飞了 5 栋房屋，你的哥哥一共飞出了多少栋房屋？

难点儿的你会吗？

你踏着滑板花 30 分钟的时间就可以到达商店，如果是"火箭踏板"的话速度就能提高 10 倍，这样的话，你几分钟就可以到商店了？

答案：6 次；15 栋房屋；3 分钟。

109

直升机驾驶员

皮克新买了一架迷你直升机，它一有空就驾驶着直升机在地下城上空四处盘旋。

"快上来跟我一起航行吧！"皮克热情地招呼杰百利。

"不了。"杰百利连连摇手。自从上次玩儿火箭喷射器滑板好不容易被救回来之后，它就对在天上飞的运动心有余悸。

"这不一样，直升机很安全！"皮克强行把杰百利拖进直升机体验一番。

果然，从空中俯瞰整个地下城的感觉妙极了，它们甚至还发现了一个正在行窃的小偷，并将小偷扭送进了警察局。

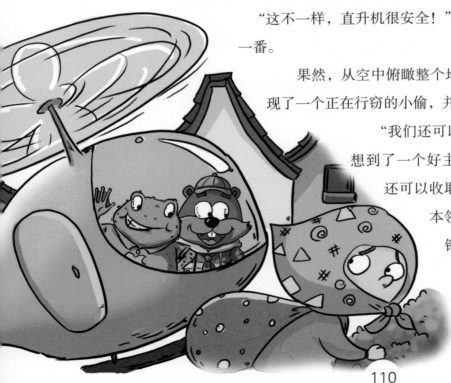

"我们还可以利用直升机做更多的事！"杰百利想到了一个好主意：替鼠妇大婶儿搬运钢琴，这样还可以收取搬家费作为零花钱。可惜它的操作本领实在太差，绑钢琴的绳子松了一下，钢琴差点儿砸到了绿侏儒的头上。看着下面火冒三丈的绿侏儒，它俩赶紧驾驶直升机逃走了。

110

★如果你驾驶着直升机，救下了 5 只跑到城市里的猴子和 4 只迷路的鸵鸟，你一共救下了多少只动物？

★★假如你的直升机可以吊起 7000 千克的重量，有一只 2000 千克的狮子和 4000 千克的大象需要你救助，你能一次完成任务吗？

难点儿的你会吗？

如果你的直升机可以吊起 2 辆坦克，1 辆坦克的重量是 20 头大象宝宝的重量的总和，你能一下子吊起多少头大象宝宝？

答案：9 只；能，7000 千克大于 6000 千克；40 头大象宝宝。

111